NOTES ET ÉTUDES

SUR LES

ENGRAIS ET AMENDEMENTS MARINS

DES COTES DE BRETAGNE

PAR

P. PARIZE,

Directeur de la station agronomique du Nord-Finistère.

I. — DÉPOTS MARINS

SAINT-BRIEUC

IMPRIMERIE FRANCISQUE GUYON, LIBRAIRE-ÉDITEUR

Rues Saint-Gilles, 4, et de la Préfecture, 1.

1897

NOTES ET ÉTUDES

SUR LES

ENGRAIS ET AMENDEMENTS MARINS

DES COTES DE BRETAGNE

PAR

P. PARIZE,

Directeur de la station agronomique du Nord-Finistère.

I. — DÉPOTS MARINS

SAINT-BRIEUC

IMPRIMERIE FRANCISQUE GUYON, LIBRAIRE-ÉDITEUR

Rues Saint-Gilles, 4, et de la Préfecture, 1

—

1887

NOTES ET ÉTUDES

SUR

LES ENGRAIS ET AMENDEMENTS MARINS

DES COTES DE BRETAGNE

Les côtes bretonnes, riches en bons sols, le sont aussi en engrais et amendements d'une valeur d'autant plus appréciable qu'ils lui apportent surtout un élément nécessaire leur manquant en général : le calcaire.

Ces utiles auxiliaires de nos cultures sont : les *maërls*, les *tangues*, les *trez* et sables calcaires divers ; enfin, les *algues*, *goëmons* ou *varechs*.

C'est surtout des trois premiers de ces produits marins que nous devons parler ici, réservant à un autre mémoire l'étude des diverses algues agricoles. — Il faut distinguer les *maërls* des *trez* et des *tangues*. Les maërls sont, presque exclusivement, constitués par les tests calcaires des Algues de la famille des CORALLINACÉES : *Lithothamnion polymorphum ;* — L. *Corallioïdes ;* — *Jania rubens ;* — *J. Corniculata ;* — *Corallina officinalis ;* — *Melobesia lichenoïdes ;* — M. *verrucata*, et quelques autres, bien plus rares.

C'est surtout de *Lithothamnion Corallioïdes* qu'est formé le maërl le plus estimé de nos agriculteurs ; il ressemble à de fins branchages brisés, ou à des fragments de corail ; sa couleur est très variable : il est fréquemment grisâtre ; parfois jaune, plus rarement rouge ou brun. Cette variation de teintes doit provenir de la nature des fonds habités par cette algue, et de la présence, en plus ou moins grande quantité, de matières ferrugineuses qui, en se combinant à la substance organique de la plante, déterminent des composés de teintes variables.

Les maërls formés de *Melobesia* et de *Jania* sont beaucoup moins prisés de nos agriculteurs ; ils sont, en effet, beaucoup plus compacts, moins divisés, et, par suite, les actions désagrégentes et dissolvantes des liquides du sol ont moins de prise sur eux.

Certains bancs de maërls sont presque entièrement constitués par des *Lithothamnion*, tandis que d'autres, parfois éloignés de quelques brasses seulement des premiers, ne sont formés que de *Melobesia* et de *Jania*. Toutes ces algues calcaires ne vivent que dans des fonds ne découvrant pas, à des profondeurs de quatre à vingt brasses, variables, d'ailleurs, suivant l'état de la marée. De plus, elles exigent, pour prospérer, l'existence d'un courant qui amène une eau toujours renouvelée et fournisse les matériaux de développement à ces petites plantes et, aussi, évite l'envasement, l'asphyxie, s'il est permis d'employer ici ce terme, par un dépôt de graviers, de boues ou d'herbages.

La croissance des algues coralloïdes est, malgré la faible teneur en calcaire des eaux de la mer, assez rapide ; un banc épuisé par les draguages se reproduit en trois ou quatre années environ ; je tiens de l'expérience de vieux matelots dragueurs que, suivant la situation du banc, et, surtout, l'espèce constituante du banc, la reproduction en est plus ou moins rapide.

L'épaisseur actuelle des plus forts bancs ne surpasse guère 1^m50 à 2^m ; à l'origine des draguages, les couches vierges atteignaient plusieurs mètres de puissance.

Sous l'effet des déplacements déterminés par les dépôts et les courants, par l'usure des fonds, en certains points, des ilots de nos calcaires naturels disparaissent, ensevelis ou entraînés, tandis qu'en d'autres endroits apparaissent de nouveaux amas.

En portant l'épaisseur moyenne d'un banc à un mètre (car elle va en s'amincissant jusqu'au bord, où elle se fond insensiblement avec le gravier environnant), et son étendue moyenne à un demi-hectare, on a, pour le nombre de mètres cubes correspondant : 5,000. La partie de la rade de Morlaix (1) intérieure au Château du Taureau présentant dix bancs de cette puissance, approximativement, on voit que, pour cette seule région, la quantité de maërl disponible est de 50,000 mètres cubes.

Au delà de la passe du Taureau qui ouvre la rade, se trouvent, du côté de l'île Callot surtout, des gisements plus riches encore. Evaluant, avec un grossier à peu près, cette quantité au triple de la précédente, on trouve un total de 150,000 mètres cubes d'engrais calcaires, exploitables dans notre région, à un moment donné. Les draguages incessants que l'on en

---

(1) La présente étude a eu principalement pour objet la rade de Morlaix ; mais les résultats généraux obtenus conviennent à la majorité des estuaires bretons.

faits, surtout depuis soixante ans, ont beaucoup diminué la richesse de ces sources de calcaire. A l'origine, c'est par millions de tonnes qu'il aurait fallu en évaluer la puissance.

Nous venons de voir que la masse constituante de nos amendements marins est surtout les algues calcaires. Il faut cependant tenir compte d'un élément souvent très abondant : les coquilles mortes ou vivantes. Ces coquilles y entrent parfois pour les 20 centièmes, soit le cinquième environ de la masse totale. Les tests n'ont pas la même composition chimique que les maërls, car ils représentent du carbonate de chaux presque pur, de 92 à 98,5 p. 100, et très peu de matières organiques, alors que le maërl contient rarement au-dessus de 75 p. 100 de calcaires. De plus, la matière organique, qui n'est que de 0,5 p. 100 dans la coquille, peut atteindre 4 p. 100 dans les bons maërls.

Enfin, l'état d'agrégation de la substance calcaire est infiniment plus marqué dans les coquilles.

On retrouve dans les champs abandonnés depuis plus de vingt-cinq ans des coquilles presque aussi intactes que si elles venaient d'être apportées. Au contraire, le maërl fin fond, pour ainsi dire, attaqué et facilement dissous par les agents acides du sol ; on n'en retrouve plus après quatre années de séjour dans la terre.

A ce sujet, je signalerai une différence profonde qui sépare les amendements calcaires marins de leurs homologues telluriques, marnes et calcaires agricoles. Si l'on soumet à l'action d'un même liquide acide deux quantités égales de maërl et de marne, on constate que la facilité et la durée de l'attaque ou de la dissolution sont bien différentes pour ces deux matières :

les maërls et coquilles, en effet, imprégnés d'une substance organique qui engaîne le carbonate calcique, sont d'une attaque beaucoup plus lente, et, alors que la dissolution de la marne est complète, il reste encore près des 2/3 des algues marines non dissous. Ainsi s'explique la différence d'action signalée depuis longtemps par les praticiens, entre les maërls ou trez et les calcaires de carrières. Ceux-ci ont un effet plus rapide ; aussi en faut-il une dose beaucoup moindre ; mais, par une compensation dont on ne sait pas toujours assez tenir compte, la durée en est prolongée de près du double, en faveur des amendements marins. Beaucoup de cultivateurs, jugeant par les résultats acquis dès une première année, croient à l'efficacité plus grande de la marne : celle-ci s'épuise plus vite, est plus rapidement entraînée dans les sous-sols pierreux, ou dans les infiltrations, à l'état de bicarbonate de chaux soluble. C'est sous l'influence de cette même idée que les cultivateurs donnent la préférence aux sables de mer les plus fins et les plus divisés et qu'il en résulte même pour ceux-ci une plus-value de trois à quatre francs par bateau (6 tonnes).

Nous avons vu plus haut que des coquilles entières ou fragmentées, vivantes ou mortes, venaient s'ajouter au maërl pour en diminuer la valeur. Il y a, tout à l'entrée de la rade de Morlaix, à 3 hectomètres à peine de la côte, un faible banc formé, presque à parties égales, de grosses coquilles d'huîtres et de maërl mélangé de gravier. En ce lieu existait en effet, il y a vingt-cinq à trente ans, un banc d'huîtres très important, suffisant à fournir la ville ; depuis, des courants y ont apporté des sédiments, et, les bateaux à vapeur aidant (ce banc est situé dans le chenal lui-même), les mollusques ont péri.

Outre ces coquilles, qui ne peuvent réellement être considérées que comme un corps étranger au maërl, il s'y trouve trop souvent un élément qui en diminue la valeur : c'est le sable ou le gravier siliceux. J'ai rencontré quelques types renfermant jusqu'à 45 p. 100 de pierraille et de graviers schisteux et siliceux, absolument inertes.

Généralement, la teneur en gravier est bien inférieure à celle-là, qui se rapporte à des produits accidentellement dragués pendant les très mauvais temps. La dose moyenne est de 8 à 15 p. 100. Dans leurs achats, les cultivateurs savent bien tenir compte de la présence de ces corps inutiles, et même nuisibles, puisqu'ils constituent une surcharge dans leurs charrois.

Humidité.

Les maërls, en vertu de leur constitution même, s'égouttent très facilement. Peu d'heures après leur entassement, ils ne contiennent plus d'eau adhérente, mais seulement une humidité que contribuent à conserver désormais les sels hygrométriques de l'eau de mer.

C'est sur des maërls ainsi égouttés spontanément en tas, à l'abri des courants d'air, que j'ai dosé l'humidité totale, par une dessication prolongée à 105°.

Certains maërls très divisés retiennent jusqu'à 25 p. 100 d'eau : ce sont malheureusement ces maërls gris, odorants, que nos paysans préfèrent aux autres ; au contraire, d'autres sables, presque complètement formés des thalles coralloïdes de *Lithotamnion*, ne m'ont donné que 10 à 13 p. 100 d'eau ; de sorte que, quant à la quantité réelle de calcaire, ils offrent un avantage considérable.

Sels solubles.

Dans la plupart des ouvrages qui traitent des engrais marins, on a considérablement exagéré la quantité des substances solubles dans l'eau. Un traité de chimie agricole très répandu porte la quantité de sel marin contenu dans nos maërls à l'énorme proportion de 4 p. 100 !.. Or, les dosages que j'ai effectués ne m'ont fourni que des nombres toujours inférieurs à 0,9 p. 100 (en moyenne, 0, 75 p, 100), non de sel marin seul, mais de tous sels solubles. Ces sels solubles sont constitués, pour les 4/5, par du sel marin, le reste par des chlorures de magnésium, de potassium et de calcium, des sulfates alcalins, etc.

Matières organiques.

La proportion des matières organiques est très variable, non seulement suivant les localités de draguage, mais encore suivant la saison. En effet, en quelques moments de l'année, les bancs sont envahis par des mollusques ou des échinodermes, des vers, qui viennent s'y produire ou y chercher leur nourriture. A d'autres époques, ils émigrent ou s'enfoncent dans les vases profondes des fonds. En supposant écartés les corps organisés autres que les algues calcaires, j'ai mesuré les doses suivantes des matières organiques, azotées ou non :

Maërls gris, gros,. 3 1/2 à 4 p. 100
— gris, fins .. 4 à 5 p, 100
— bruns, fins, 7 à 8 p. 100 (rare).

Il ne faut pas croire, comme on l'a avancé dans

plusieurs ouvrages, que cette matière est riche en produits azotés : c'est, en majeure partie, une substance de la nature de la cellulose ou de la tunicine, par suite, dépourvue d'azote, et qui sert de ciment, de moyen d'adhérence, aux particules calcaires des algues.

Si, au contraire, on considère le cas *accidentel* où le sable est riche en animaux marins, crabes, vers, mollusques... on peut rencontrer parfois une teneur anormale de 2 p. 100 de matière animale azotée.

Faisons observer à ce sujet que rien n'est plus apte à opérer la décomposition prompte de ces matières organiques que le maërl poreux : au bout de peu de jours d'exposition à l'air libre, le passage de l'air à travers la masse a oxydé et presque complètement détruit ces corps organiques ; les corps qui en résultent (composés d'ammoniaque et de triméthylamine), se dégagent dans l'air ou achèvent de se brûler en pure perte ; de sorte que, après peu de temps, il ne reste plus que la matière organique contenue dans le test calcaires des petites algues.

L'action de l'air sur les maërls explique, en outre, un usage très répandu chez nos cultivateurs, et qui consiste à abandonner un certain temps, à l'extérieur, les engrais : ils ont observé que le maërl et les trez frais, — ou « vifs », ainsi qu'ils les l'appellent, — ont un effet parfois nuisible sur les semis et les jeunes plantes. Beaucoup l'attribuent à une propriété du sel marin ; mais, ainsi qu'il découle des analyses relatées plus haut, la quantité de ce sel est trop minime pour produire des résultats fâcheux ; ils disent alors que les plantes sont « brûlées ».

Voici, à mon sens, ce qui doit se produire : les produits sablonneux extraits des fonds marins sont riches en sels de protoxyde de fer (principalement sulfates et carbonates), l'oxygène de l'air, en s'y portant, les peroxyde, en déterminant des réactions funestes à la végétation.

Algues marines.

Dans quelques parages, les bancs de sable marin sont couverts d'algues diverses ; le plus souvent ces « herbiers », ainsi que les nomment les pêcheurs, sont constitués comme une sorte de prairie d'un beau vert où se pressent les longs rubans de la *Zostera marina*, d'une famille voisine des Graminées (les Naïadacées).

J'indique ci-dessous la liste des algues dont on rencontre le plus fréquemment les débris dans nos maërls du Finistère et des Côtes-du-Nord :

Plusieurs *Ulvacées*, aux grands thalles vert-chou, et *Sphacelaria*, en petites touffes ;

Laminaria flexicaulis, et *L. saccharina ;*

Alaria ;

Himanthalia lorea (à l'état d'épaves seulement);

Fucus platycarpus;

    —   *vesiculosus ;*

    —   *ceranoïdes;*

    —   *serratus;*

Cystoseira fibrosa ;

    —   *granulata ;*

Halidrys siliquosa ;

Dictyota dichotoma;

Porphyrées diverses ;

Plusieurs *Céranniées*, aux thalles finement découpés et aux vives couleurs ;

Chondrus crispus ;
Plusieurs *Gigartina ;*
    —   *Phyllophora,* d'un rouge écarlate ;
    —   *Callymenia,*   —
    —   et *Callophyllis,*   —
Fastigiaria furcellata, en filaments bruns ;
De nombreuses *Nematospermées,* entre autres :
les charmants *Rhodymenia Delesseria* et *Nito-phyllum ;*
Quelques *Desmiospermées,* en touffes brunes, de
petite taille, soyeuses ou filamenteuses ;
Enfin, quelques charmantes et frêles *Corynosper-mées,* arrachées par les vagues des grands fonds et
portées sur les bancs de maërl.

Il est évident que la très petite quantité de ces
débris d'algues contenus dans les engrais de la
mer ne modifie que d'une manière insensible leur
composition chimique ; c'est seulement au point de
vue scientifique pur que j'ai cru devoir énumérer
ici les espèces qu'il m'a été donné de rencontrer
dans nos sables côtiers.

Constitution biologique d'un maërl.

A ce même point de vue, il ne sera pas sans intérêt
de faire connaître les espèces qui composent un
maërl-type. Ayant, au mois d'août 1885, procédé à
un draguage au pied N.-E. de l'île Louët, à l'ouest du
château du Taureau, j'y ai recueilli les sujets suivants,
qui peuvent être considérées comme caractéristiques
d'un type normal de maërl ordinaire :

Algues calcaires du maërl, 90 p. 100, environ.

Cyclostrema serpuloïdes (Gastéropode) (1)		(2)
Lacuna pallidula	—	(2)
Astarte triangularis, vivante	—	(3)
Lachesis minima	—	(6)
Rissoa crenulata	—	(6)
— *striata*	—	(10)
— *costata*	—	(10)
— *violacea*	—	(10)
— *parva*	—	(10)
Trochus tumidus	—	(4)
— *magnus*	—	(2)
— *lineatus*	—	(5)
— *umbilicatus*	—	(4)
— *exiguus*	—	(1)
— *montagni*	—	(4)
Cœcum trachea	—	(3)
Emarginula reticulata	—	(4)
Phasianella rosea	—	(6)
— *pullus*	—	(12)
Nassa incrassata	—	(5)
Trophon muricatum	—	(6)
Odostomia (scalaris ?)	—	(2)
Tapes Viginea	(Acéphales)	(4)
Nucula (obliqua ?)	—	(7)
Dentalium tarentinum	(Gastéropode)	(3)
Venus verrucosa		(8)
Echynocyamus pusillus	(Oursin)	
Chiton cancellatus	(Gastéropode)	(2)
Asterina gibbosa	(Echinoderme)	(6)
Aphrodite aculeata		(5)

---

(1) Les chiffres ou coefficients indiquent le rapport de rareté des divers animaux : ainsi, 1 signifie *extrêmement rare*, et 10, indique *grande abondance*.

Le site influe considérablement sur la constitution zoologique des maërls ; certaines espèces, très rares ou introuvables en quelques points, se rencontrent abondamment à peu de distance ; la nature du fond, la profondeur et, par suite, la constance de la température, les courants, agissent pour modifier beaucoup la faune marine.

— Je vais résumer, dans la liste suivante, les espèces que j'ai rencontrées jusqu'ici dans les draguages ou les recherches que j'ai effectués, depuis Roscoff jusqu'à la pointe de Primel, sur les nombreux sables calcaires ou maërls de cette région.

Mollusques.

Saxicava rugosa.
Sphenia Bengami.
Venerupis Iris.
Corbula nucleus.
Teredo malleolus.
Pandora rostrata.
Solen ensis (var. magna).
Scrobicularia piperata.
Lutraria elliptica.
Psammobia vespertina.
Tellina incarnata.
Tapes virginea.
— pullactra,
— decussata.
Venus ovata.
— verrucosa.
— fasciata.
— casina.
Artemis exolata.
— cineta.
Lucina leucoma.
— borealis.

Tellina crassa.
— donacina.
Donax anatinus.
Mactra solida.
Cardium edule.
— pygmeum.
— nodosum.
— aculeatum.
Lyonsia norvegica.
Nucula nucleus.
Mytilus edulis.
Pinna rudis.
Avicula tarentina.
Lima hians.
Pecten pusis.
— opercularis.
— tigrinus.
Anomia ephippium.
Modiola barbata.
— tulipa.
Dentalium tarentinum.
Terebratulina caput-serpenti.

-reason

Chiton cancellatus.
— cerasinus.
— discripans.
Mactra helvacea.
Astarte triangularis.
Crenella.
Lima Loscombii.
Arca lactea.
Pectunculus glycineris.
Circe minima.
Patella vulgata.
Akera bullata.
Fissurella reticulata.
Calyptra sinensis.
Trochus magnus.
— lineatus.
— tumidus.
— zizyphinus.
— montagni.
— striatus.
— exiguus
— cinerarius.
Littorina littoralis.
— rudis.
— littorea.
Turritella communis.
Onchidium celticum.
Purpura lapillus.
Ostrea edulis (coquilles).
Murex ericaneus.
— corallinus.
Nassa incrassita.
Trophon muricatus.
Marginella lævis.
Mangelia purpurea.
Cerithium reticulatum.
Cerithium adversum.
Eulima polita.
Chemnitzia elegantissima.
Lachesis minima.
Triton.
Rissoa parva.

Rissoa costata.
Scalaria clathratula.
— communis.
Phasianella pullus.
Adeorbis subcarinata.
Lacuna pallidula.
Calyptræ sinensis.
Cyclostrema serpuloïdes.
Fissurella reticulata.
Acmæa virginea.
Emarginula reticulata.
— rosea.
Capulus hungaricus.
Patella pellucida.
Bulimus acutus.
Bulla hydalis.
Vermetus lumbricalis.
Spirorbis communis.

CRUSTACÉS.

Palemon serratus.
Crangon vulgaris.
Hippolyte varians.
— Thompsoni.
Squilla Desmaretii.
Athanas nitescens.
Calianassa subterranea.
Gebia deltura.
Galathea strigosa.
— squamifera.
Pagurus Hyndmanni.
— Cuanensis.
— Prideauxii.
Porcellana platycheles.
Maïa squinado.
Sthenorhynchus phalangium.
Hyas coarctatus.
Xantho rivulosus.
— florida.
Corystes Crassivelaunus.
Pinnothera.

Pilumnus hirtellus.
Thia polita.
Pycnogonon littorale.
Portunus puber.
Carcinus mœnas.
Elabia Pennantii.
Mysis vulgaris.
Talitrus saltator.
Lygia oceanica, etc.

ÉCHINODERMES.

Oursins.
{ Spatangus purpureus,
Toxopneustes lividus,
Echinocardium flavescens.
Psammechinus miliaris,
Echinociamus pusillus.

Astéries.
{ Asteria rubens.
Ophiothrix versicolor.
Ophiopsila aranea.
Amphiura squamata.
   — filiformis.
Ophioglypha albida.
Asterina gibbosa.
Palmipes membranaceus.
Solaster papposa.
Cribella rosea.

Comatula rosacea,

Holothuries.
{ Cucumaria Hyndmanii.
   — pentactes.
Holothuria tubulosa.
Synapta digitata.

VERS.

Myxicola infundibulum.
   — modesta.
Marphysa Belli.
   — sanguinea.
Chetopterus Valencienni.
Sabella longi-branchiata.
Terebella Edwardsii.

Terebella nebulosa.
Tetrastemma dorsalis.
Amphiporus spectabilis.
Sabella flabellata.
Glycerea gigantea.
Nereis bilineata.
Polynoë chaetopteriana.
Distylia volutacornis.
Syllis.
Eulalia clavigera.
Ophiodromus villatus.
Serpula fascicularis,
Audouinia norvegica.
Phyllodoce laminosa.
Distilia volutacornis.
Nephtys margaritacea.
   — Hombergii.
Grubea clavata.
Aricia Latreillii.
Notocirrhus Edwarsii.
Arenicola caudata.
Physalia scylla.
Aphrodite aculeata.

DIVERS.

Petits poissons.
{ Amphioxus lanceolatus.
Syngnatus acus.
Conger vulgaris (jeune).
Blennius galerita.
Lepadogaster bimaculatus.
Gobius minutus.
   — Ruthensparri.

(Épaves.)
{ Haliotis tuberculata.
Pollicipes.
Chthamolus stellatus.
Balanus perforatus.
   — Hameri.

Actinies.
{ Thealia crassicornis.
Sagartia parasitica.
Anthea bellis.

Ascidies.
Botryllus.
Ascidia phallusia.
Cynthia.
Anourella oculata.
Aplidium ficus.

Polypes.
Gorgone verrucosa.
Alcyonum palmatum.
Hydraires nombreux.
Bryozoaires —

Eponges.
Suberites domuncula.
Grantia ciliata.
— compressa.
Leuconia fistulosa.

Doris testudinaria.
Doris pilosa.
Pleurobranchus plumila.
Aplisia depilans.
Eolis papillosa.

FORAMINIFÈRES.

Milliola trigonula et oblonga;
M. semilunum.
Polystomella crispa.
Rotalia troncatu-lina, etc.,
très abondants dans l'Ile de
Batz, plus rares ailleurs.

— Nous avons dit que les courants marins apportaient et mêlaient aux engrais de mer des proportions plus ou moins considérables de sables siliceux divers. Ces sables sont constitués par des particules en grains plus ou moins gros, provenant des roches des fonds ou de la côte, qui sont désagrégées par le roulement des galets, pendant les mouvements du flux et du reflux, et, surtout, pendant les fréquentes tourmentes qui assaillent nos côtes finistériennes. Il serait évidemment trop long, et de peu d'intérêt, d'analyser ici la composition des sables côtiers de la rade de Morlaix. On aura une idée de leur composition moyenne d'après la nature des roches fondamentales de ces parages. Voici les principales d'entre elles, dont les débris se retrouvent aussi dans tous les sables des grèves du nord de la Bretagne.

Gneiss amphibolique de diverses variétés : saccharoïde, fibreuse, micaschisteuse, etc.

Diorites, de diverses couleurs, surtout vert-foncé, constituant le squelette de la plupart des récifs de la baie, depuis Roscoff. — Diorite micacée.

Pegmatites, dont la désagrégation fournit surtout

des sables à gros grains brillants, rosâtres ou jaunâtres, souvent mêlés à des paillettes de mica, des cristaux de tourmaline et de granat.

Granits et *Granitites*, extrêmement nombreux, et très variables pour la couleur, la contexture et la ténacité : granit rouge (Primel et Taureau) ; jaune (Tisaôson) ; jaune, très micacé (Pouldu); gris (toute l'île de Batz et la côte de Carantec), granit ocreux, avec fluorine (Côte de Carantec, Pen-lan) ; granit rose, à mica noir (Callot); granit jaune, à grains fins (en filons dans le granit rose de Callot) ; granit gris, fin, de l'île de Siec ; granit porphyroïde gris, avec gros cristaux d'orthose ; granit à mica noir et petits cristaux de marcassite noir (près Roscoff).

Amphibole, à Térénez, et amphibolite riche en oxyde de fer.

Orthose, facilement désagrégeable, et qu'on retrouve dans tous les sablons non calcaires.

Quartz (Barnenez), en masses esquilleuses ; — quartz à tourmalines (Roches-Duon).

Epidote (Térénez et Béclem).

Schistes amphiboliques s'émiettant facilement et donnant naissance à des sables pailleteux, en plusieurs points de la rade.

Schistes, très abondants à l'entrée de la rade ; contribuent à donner aux vases la couleur gris-sombre qu'elles ont dans presque tous nos estuaires bretons.

Tourmalines noires, brisées, se rencontrant de temps en temps.

Analyse chimique des Maërls.

Les documents techniques qui précèdent permettent d'avoir, actuellement, une idée précise des dépôts marins, des boues et alluvions de la région Nord-Finistère.

Il m'a été donné d'examiner de nombreux échantillons provenant du département des Côtes-du-Nord. En général, tout ce qui a été indiqué précédemment convient, à peu de chose près, aux sables et engrais des côtes de ce département ; les mêmes espèces dominantes s'y trouvent. Je rapporte ici quelques-uns des nombres que j'ai obtenus :

	Calcaire.
Plages de Locquirec (sable coquiller). —	60 p.100 (moy.)
Lannion (Trébeurden) maërl coquiller ...	75 —
en quelques points seulement	48 —
Anse de Trégastel	76 —
Paimpol (Banc-Ru), sable coquiller	40 à 43 —
— (Loguivy), maërl	85 à 88 —
Plouha (Bréhec) 1° sable fin, pur	9 à 11 —
— 2° coquilles avec maërl..	68 à 70 —
Portrieux (Saint-Quay), gros sable	86 —
Saint-Brieuc (Nord de la pointe Vauburel), sable grisâtre, avec gravier, mica abondant, feldspath orthose, hornblende, débris de coquilles (Cerithium scabrum, Cardium edule, Arca lactea, Lucina borealis, etc.; nombreux foraminifères).	21 à 22 —
St-Brieuc (grève), sable fin, pur, coquiller.	30 à 32 —
Sur toute la côte, à Pléneuf, Plurien, Portrieux, Matignon, Plancoët, Saint-Samson, etc., la richesse en calcaire varie entre 25 p. 100 (à Plurien) et 50 p. 100 (à Plancoët).	25 à 50 —
Sur la plage du Verdelet, en Pléneuf, j'ai trouvé un échantillon à	77 —

Enfin, dans le département d'Ille-et-Vilaine, un type de sable gris, graveleux, irrégulier, caractérisé par une abondance de cristaux feldspathiques blancs et de lamelles mi-

cacées, mélangé de fragments de coquilles et recueilli au pied du tombeau de Châteaubriand, m'a donné 30 p. 100 de calcaire.

— J'ai dosé les phosphates de quelques-uns seulement des précédents échantillons ; ils m'ont fourni des nombres variant entre 0,8 p. 100, c'est-à-dire 8 p. 1000 et 2 p. 100, suivant le fraîcheur de la matière et sa richesse en cadavres de mollusques non décomposés.

— Je crois devoir arrêter ici les descriptions générales et les considérations purement techniques, et terminer cette étude par quelques résultats analytiques et pratiques pouvant être d'un usage immédiat pour nos cultivateurs.

1. Analyse d'un Maërl rouge.

Type pur et très beau, généralement réservé au sablage des jardins, valant, à quai, à Morlaix, 18 fr. la gabarrée de 5 tonneaux. (Ile Louët, rade de Morlaix).

Humidité, extraite à 105°, du maërl
égoutté spontanément .... 14 p. 100.
Perte, à 200°..................... 15 —
Perte, par calcination au rouge sombre 23 —
Correspondant à 6 p. 100 de matières organiques.
Sels solubles dans l'eau .... 0,6 p. 100.
dont les 3/4 en sel marin, soit..... 0,45 — de sel marin
Gravier et silice insolub. dans les acides 14 —
Oxyde de fer et alumine........... 1,2 —
Phosphate de chaux............... 2 —
Calcaire .... 51,5 —
Magnésie.................. 1,0 —
Azote.................. 0,13 — (1,3 p. 1000)

Analyse 2. — Maërl gris, moyen, assez pur.

Type courant pour emplois agricoles, valant de 16 à 18 fr. la gabarrée de 5 tonneaux. (Ouest du château du Taureau).

Humidité à 105°.................. 20 p. 100.
Perte, après calcination au rouge.... 23,5 —

Sels solubles dans l'eau.. .... 0,75 p. 100
    dont les 2/3 en sel marin, soit .... 0,50 — de sel marin
Gravier et silice insolubles........ ... 27 —
Phosphate de chaux............... 1,7 —
Calcaire .... 46,5 —
Magnésie...................... 1,8 —
Azote.......................... 0,16 — (1,6 p. 1000)

Analyse 3. — Maërl brun, fin, régulier, pur.

Très apprécié pour amendements.

Humidité..................... 19 p. 100.
Perte par calcination .... 35 —
Matières ou sels solubles dans l'eau.. 1,34 —
Calcaire .... 56,1 —
Phosphate de chaux............... 1,3 —
Magnésie. .... 2,2 —
Azote total..................... 0,11 — (1,1 p. 1000)

Analyse 4. — Trez pur, très coquiller, fin,

Fort employé par les maraîchers de Roscoff.

Humidité ...., 4 p. 100.
Matières organiques.............. 3,5 —
Calcaire .... 69,1 —
Phosphates........ .... 0,9 —
Silice et corps insolubles.. .... 21 —
Oxyde de fer et alumine........... 1,5 —

Analyse 5. — Maërl très pur, de la rade de Quimper.

Humidité..................... 6,5 p. 100.
Perte par calcination............. 9,7 —
Matières organiques............. 2,5 —
Corps insolubles dans les acides..... 2,3 —
Calcaire...................... 77 —
Magnésie..................... 3,1 —

Analyse 6. — Coquilles d'huîtres, vieilles

(Rade de Morlaix).

Calcaire 92   p. 100.
Phosphates...................... 1,5   —
Matière organique totale........... 0,9   —
Sels et eau interposée.............. 5,4   —
Azote............................. 0,2   —

Analyse 7. — Coquilles diverses communes, mélangées,

particulièrement Venus verrucosa, Solen ensis, Tellina incarnata, Artemis exolata, Buccinum undatum, Lucina borealis, Patella vulgata, etc.

Calcaire sec...................... 93,2 p. 100.
Phosphates...................... 0,7   —
Oxyde de fer et alumine 0,8   —
Azote............................ traces.
Matières organiques.............. 0,2   —
Silicates et graviers insolubles.

Observations sur les analyses précédentes. —
Il ressort des nombres qui précèdent une donnée
importante pour l'agriculture : c'est que la proportion
d'azote a été considérablement exagérée dans beaucoup de documents qui ont du crédit auprès des agronomes. Ne voit-on pas mentionné dans la *Notice*
publiée par les soins du Ministère des Travaux publics et relative au port de Morlaix (imprimerie Nationale, 1878), que nos maërls contiennent 5 p. 100
d'azote, et les trez de Roscoff, 15 p. 100 d'azote !

Analyse 8. — Vase du chenal de Morlaix

1er Echantillon, pris à la hauteur de Kéranroux, à 2m 50 de profondeur dans le lit.

Consistance de terre à poterie, grise, argileuse d'aspect
et de malléabilité.

Examen micrographique : en majeure part formées de lamelles extrêmement ténues de mica, de schistes et de débris siliceux ; abondance de carapaces de Diatomées (surtout de *Pinnularia*), avec quelques débris organiques : filaments d'algues, cellules végétales dissociées, etc.

Humidité (après 24 heures d'égouttage spontané)..................	35	p 100.
Perte totale par calcination...........	40	—
Matière organique.................	5	— environ.
Matières solubles dans les acides.....	43	—
Oxyde de fer et alumine.............	0,96	—
Phosphate de chaux...............	0,43	—
Azote.........................	0,4	— (4 p. 1000)
Calcaire.......................	1	—

Analyse 9. — Vase de la rivière de Morlaix

2º *Echantillon superficiel (à la hauteur de la chapelle de la Salette)*

Humidité......................	37,5	p. 100.
Perte par calcination..............	40	—
Matière organique................	2,5	—
Oxyde de fer et alumine...........	1,3	—
Phosphate de chaux..............	traces.	
Azote........................	0,4	— (4 p. 1000)

Même constitution physique que le précédent échantillon.

Observations. — 1. Une ancienne analyse de ces mêmes vases, faite vers 1845, par M. Payen, du Conservatoire des Arts-et-Métiers, a fourni pour l'azote qu'elle contenait le même nombre de 4 p. 1000. Il en résulte cette conséquence que, pour l'azote, en particulier, aucun changement ne s'est produit dans la composition de ces sédiments.

Ces dépôts, trop riches en oxyde de fer et trop divisés, n'ont pu, jusqu'ici, trouver d'emploi direct en agriculture ; ils ne pourraient guère être utilisés que comme absorbants, pour des liquides azotés, excrémentiels ou autres.

— 2. Les fouilles d'une ancienne maison en démolition ont mis au jour des fondations exécutées, il y a trois siècles environ, avec un ciment particulier que j'ai eu l'occasion d'examiner ; il avait pour bases de la chaux mêlée à moitié environ de maërl coquillier fin. Le tout s'était aggloméré et avait formé un mortier hydraulique (ces fondations étaient noyées) extrêmement tenace. Je me borne à signaler ici ce fait curieux. Il serait intéressant d'expérimenter à nouveau cet ancien mortier, dont l'usage est aujourd'hui complètement perdu : il pourrait sans doute fournir, à bon compte, un succédané des chaux hydrauliques que l'on fait venir de l'extérieur (1).

P. PARIZE,

Directeur de la Station agronomique
du Nord-Finistère (Morlaix).

(1) Un certain nombre des recherches mentionnées dans la présente notice ont été effectuées pendant mon séjour au *Laboratoire de zoologie expérimentale* de Roscoff : que son savant directeur, M. H. de Lacaze-Duthiers, veuille bien, à cette occasion, me permettre de lui adresser les témoignages de ma vive reconnaissance pour la gracieuse hospitalité que j'y ai reçue pendant deux années.

Saint-Brieuc. — Imprimerie Francisque GUYON.